もくじ　文章題3年

たんいのまとめ

長さ

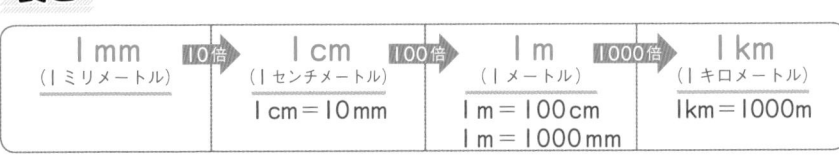

	10倍		100倍		1000倍	
1mm (1ミリメートル)		1cm (1センチメートル)		1m (1メートル)		1km (1キロメートル)
		1cm=10mm		1m=100cm 1m=1000mm		1km=1000m

れい 2km345m=2345m　　3cm8mm=3.8cm

かさ

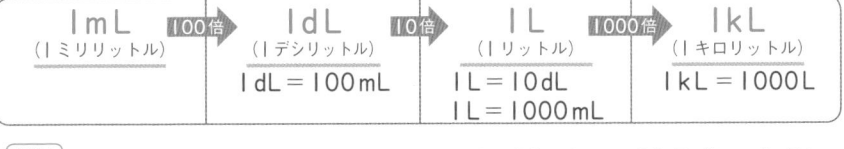

	100倍		10倍		1000倍	
1mL (1ミリリットル)		1dL (1デシリットル)		1L (1リットル)		1kL (1キロリットル)
		1dL=100mL		1L=10dL 1L=1000mL		1kL=1000L

れい 1L5dL=15dL=1L500mL=1500mL　　1L5dL=1.5L

時間

	60倍		60倍		24倍	
1秒 (1びょう)		1分 (1ぷん)		1時間 (1じかん)		1日 (1にち)
		1分=60秒		1時間=60分		1日=24時間

れい 1時間40分=100分　　1時間=60分=3600秒

重さ

	1000倍		1000倍		1000倍	
1mg (1ミリグラム)		1g (1グラム)		1kg (1キログラム)		1t (1トン)
		1g=1000mg		1kg=1000g		1t=1000kg

れい 2kg345g=2345g　　1t30kg=1030kg

1 たし算・ひき算
3けたまでのたし算の問題 ①

 ／100点

1 右の表は、北町と南町の小学生と中学生の人数を表したものです。 1つ12〔48点〕

	北町	南町
小学生	243人	236人

	北町	南町
中学生	122人	134人

❶　北町と南町の小学生の人数は、あわせて何人ですか。

【式】

答え（　　　　　　　　　　）

❷　北町と南町の中学生の人数は、あわせて何人ですか。

【式】

答え（　　　　　　　　　　）

2 580円の本と375円の筆箱を買いました。あわせて何円ですか。 1つ13〔26点〕

【式】

答え（　　　　　　　　　　）

3 水ぞく館に来た人の数を調べたら、子どもが543人、大人が357人でした。子どもと大人あわせて何人の人が来ましたか。 1つ13〔26点〕

【式】

答え（　　　　　　　　　　）

月　　日

10分

1　たし算・ひき算
3けたまでのたし算の問題　①

／100点

1 図書室の本の数を調べたら、入り口の右がわに 432 さつ、左がわに 365 さつありました。両方あわせると何さつありますか。

1つ12〔24点〕

【式】

答え（　　　　　　　　　）

2 バス代は子どもが 370 円で、大人は子どもより 420 円高いそうです。大人のバス代は何円ですか。

1つ12〔24点〕

子ども　370 円

大人　　420 円

【式】

答え（　　　　　　　　　）

3 げき場の 1 階にはいすが 314 こ、2 階には 186 こあります。いすは全部で何こありますか。

1つ13〔26点〕

【式】

答え（　　　　　　　　　）

4 色紙を 285 まい使いました。まだ、247 まいのこっています。色紙は、はじめに何まいありましたか。

1つ13〔26点〕

【式】

答え（　　　　　　　　　）

答えは
65ページ

月　日

10分

1 たし算・ひき算
3けたまでのたし算の問題 ②

／100点

1 120円のノートと65円の消しゴムを買いました。あわせて何円ですか。　　　　　　　　　　　　　　1つ10〔20点〕

【式】

答え（　　　　　　　　　　　　）

2 電車が駅に着いて、253人おりました。電車の中にはまだ60人乗っています。駅に着く前に電車に乗っていたのは何人ですか。　　　　　　　　　　　1つ10〔20点〕

【式】

答え（　　　　　　　　　　　　）

3 右の絵を見て、次のくだものを買ったときの代金は何円ですか。　　　　　　　　1つ15〔60点〕

すいか 780円
バナナ 370円
みかん 80円
かき 45円

① すいかとかき　　　　（　　　　　　　　　）

② バナナとかき　　　　（　　　　　　　　　）

③ すいかとみかん　　　（　　　　　　　　　）

④ バナナとみかん　　　（　　　　　　　　　）

1 たし算・ひき算
3けたまでのたし算の問題 ②

1 1ますに1字ずつ漢字(かん)を書きました。いままでに143字書きました。ますはまだ57ますのこっています。ますは全部(ぜんぶ)で何ますありますか。　　　　　　　1つ12〔24点〕

【式(しき)】

答え（　　　　　　　　　）

2 えん筆(ぴつ)が503本あります。あと65本あれば子どもの人数と同じになります。子どもは何人いますか。　1つ12〔24点〕

【式】

答え（　　　　　　　　　）

3 おばあさんのかたをたたいてあげました。ゆきえさんが134回、妹が98回たたきました。2人であわせて何回たたきましたか。　　　　　　　　1つ13〔26点〕

【式】

答え（　　　　　　　　　）

4 246人に1こずつ風船を配(くば)ったら、78こあまりました。風船ははじめに何こありましたか。　　　　　1つ13〔26点〕

【式】

答え（　　　　　　　　　）

答えは
65ページ

1　たし算・ひき算
3けたまでのひき算の問題　①

／100点

1 256 ページある本があります。

1つ12〔72点〕

❶　今日までに 146 ページ読みました。あと何ページの
こっていますか。

【式】

答え（　　　　　　　　　　　）

❷　今日までに読んだページ数とのこりのページ数では、
どちらが何ページ多いですか。

【式】

答え（　　　　　　　　　　　）

❸　はじめから何ページ読んだら、のこりが 138 ページ
になりますか。

【式】

答え（　　　　　　　　　　　）

2 2 年生が 328 人、3 年生が 319 人います。どちらが
何人多いですか。

1つ14〔28点〕

【式】

答え（　　　　　　　　　　　）

1 たし算・ひき算
3けたまでのひき算の問題 ①

1 たくやさんはカードを 463 まい、弟は 320 まい持っ
ています。たくやさんは弟より何まい多く持っていますか。

【式】　　　　　　　　　　　　　　　　　　1つ12〔24点〕

答え（　　　　　　　　　　　）

2 228 ページ書けるノートがあります。このノートに、
毎日 1 ページずつ絵日記を書いていくと、1 年(365 日)
書くには、何ページたりなくなりますか。　　1つ12〔24点〕

【式】

答え（　　　　　　　　　　　）

3 370 円の買い物をして、500 円玉ではらいました。お
つりは何円ですか。　　　　　　　　　　　1つ13〔26点〕

【式】

答え（　　　　　　　　　　　）

4 西小学校の人数は 415 人、東小学校の人数は 362 人
です。2 つの小学校の人数のちがいは何人ですか。

【式】　　　　　　　　　　　　　　　　　　1つ13〔26点〕

答え（　　　　　　　　　　　）

答えは
65ページ

1 たし算・ひき算
3けたまでのひき算の問題 ②

/100点

1 牛にゅうとパンを買ったら 295 円でした。牛にゅうのねだんは 212 円です。パンのねだんは何円ですか。 1つ12〔24点〕

【式】

答え（　　　　　　　　）

2 326 本のジュースを箱に入れようとしたら、38 本のこってしまいました。箱には何本入りましたか。 1つ12〔24点〕

【式】

答え（　　　　　　　　）

3 480 円持っていました。今日 95 円使いました。あと何円のこっていますか。 1つ13〔26点〕

【式】

答え（　　　　　　　　）

4 色紙が 260 まいあります。工作で何まいか使ったので、のこりは 57 まいになりました。工作で使ったのは何まいですか。 1つ13〔26点〕

【式】

答え（　　　　　　　　）

答えは
65ページ

1 たし算・ひき算
3けたまでのひき算の問題 ②

1 げき場に大人と子どもがあわせて 386 人います。その
うち 83 人が子どもです。大人は何人いますか。 1つ12〔24点〕

【式】

答え（　　　　　　　　）

2 トラックに荷物を 43 このせたら、全部で 720 こになり
ました。はじめに荷物は何こありましたか。 1つ12〔24点〕

【式】

答え（　　　　　　　　）

3 動物園に今日来た人は 624 人で、きのうは今日より
75 人少なかったそうです。きのう来た人は何人でしたか。

1つ13〔26点〕

【式】

答え（　　　　　　　　）

4 運動会の玉入れで、赤組は 240 この玉を入れました。
白組は赤組より 48 こ少なかったそうです。白組は何こ入
れましたか。 1つ13〔26点〕

【式】

答え（　　　　　　　　）

答えは
66ページ

1 たし算・ひき算
たし算やひき算の問題 ①

／100点

1 3階まであるそう庫に、箱が右の表のようにおいてあります。

	1階	2階	3階
	640箱	825箱	475箱

1つ12〔48点〕

❶ 1階と2階にある箱の数はあわせて何箱ですか。

【式】

答え（　　　　　　　　　　）

❷ 2階と3階にある箱の数のちがいは何箱ですか。

【式】

答え（　　　　　　　　　　）

2 さつきさんは745円と680円のハンカチを買いました。代金はあわせて何円ですか。　　　1つ13〔26点〕

【式】

答え（　　　　　　　　　　）

3 船に、大人と子どもがあわせて853人乗っています。そのうち大人は586人です。子どもは何人ですか。　　　1つ13〔26点〕

【式】

答え（　　　　　　　　　　）

答えは66ページ

1 たし算・ひき算
たし算やひき算の問題 ①

/100点

1 さやかさんの町の中学生の人数は 478 人で、小学生は中学生より 434 人多いです。小学生の人数は何人ですか。

【式】

1つ12〔24点〕

答え （　　　　　　　　　）

2 皿とコップを買ったら代金は 720 円でした。コップのねだんは 365 円です。皿のねだんは何円ですか。

【式】

1つ12〔24点〕

答え （　　　　　　　　　）

3 てつやさんは 850 円持っています。お兄さんはてつやさんより 960 円多く持っています。お兄さんは何円持っていますか。

1つ13〔26点〕

【式】

答え （　　　　　　　　　）

4 クイズのはがきが 946 まい集まりました。そのうち、まちがった答えのはがきは 148 まいありました。正しい答えのはがきは何まいありましたか。

1つ13〔26点〕

【式】

答え （　　　　　　　　　）

答えは 66ページ

月　　日

10分

1 たし算・ひき算
たし算やひき算の問題 ②

／100点

1 赤、黄、青、緑のそれぞれの箱におかしが350こ、298こ、403こ、385こ入っています。今、2つの箱のおかしのこ数のちがいを調べます。　1つ12〔48点〕

❶　数のちがいがいちばん大きいときは何こですか。

【式】

答え（　　　　　　　　　　）

❷　数のちがいがいちばん小さいときは何こですか。

【式】

答え（　　　　　　　　　　）

2 けんたさんはカードを574まい持っています。しんじさんは、けんたさんよりカードを137まい多く持っています。しんじさんはカードを何まい持っていますか。

【式】　　　　　　　　　　　　　　1つ13〔26点〕

答え（　　　　　　　　　　）

3 動物園に電車とバスを使って行くと、440円かかります。電車代が295円のとき、バス代は何円ですか。

【式】　　　　　　　　　　　　　　1つ13〔26点〕

答え（　　　　　　　　　　）

答えは
66ページ

1 たし算・ひき算
たし算やひき算の問題 ②

／100点

1 大小2しゅるいの画用紙があわせて643まいあります。このうち小さい画用紙は365まいです。大きい画用紙は何まいありますか。
1つ12〔24点〕

【式】

答え（　　　　　　　　）

2 あるコンサートホールのざせきは1階が342せき、2階が258せきです。あわせて何せきありますか。1つ12〔24点〕

【式】

答え（　　　　　　　　）

3 赤いケースにはクリップが267こ、青いケースにはクリップが338こ入っています。全部でクリップは何こありますか。
1つ13〔26点〕

【式】

答え（　　　　　　　　）

4 体育館にいすを全部で500こならべます。いま、405こならべました。あと何こいりますか。
1つ13〔26点〕

【式】

答え（　　　　　　　　）

答えは
66ページ

月　　日

1 たし算・ひき算
4けたのたし算・ひき算の問題

/100点

1 ちはるさんは1250円、お姉さんは2615円持っています。あわせると何円になりますか。　1つ13〔26点〕

【式】

答え（　　　　　　　　　）

2 ゆうやさんがゲームをしたら、1回目のとく点は2865点で、2回目のとく点は1回目より611点高くなりました。2回目のとく点は何点ですか。　1つ13〔26点〕

【式】

答え（　　　　　　　　　）

3 右の表は、東市と西市の3年生と4年生の人数を表したものです。　1つ12〔48点〕

	3年生	4年生
東市	2874人	2936人

	3年生	4年生
西市	4769人	4527人

❶　東市と西市で、3年生の人数のちがいは何人ですか。

【式】

答え（　　　　　　　　　）

❷　東市と西市で、3年生と4年生をあわせた人数のちがいは何人ですか。

【式】

答え（　　　　　　　　　）

答えは
66ページ

 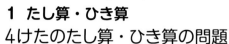

かくにん 7

1 たし算・ひき算
4けたのたし算・ひき算の問題

／100点

1 右の表は、遊園地の入場者数を表したものです。 1つ12〔48点〕

	大人	子ども
きのう	2578人	2735人

	大人	子ども
今日	3847人	4279人

❶ きのうの入場者数は、全部で何人ですか。

【式】

答え（　　　　　　　　）

❷ きのうと今日の子どもの入場者数のちがいは何人ですか。

【式】

答え（　　　　　　　　）

2 ひかるさんは2835円の物語の本を買って、5000円さつを出しました。おつりは何円ですか。 1つ13〔26点〕

【式】

答え（　　　　　　　　）

3 おり紙を1658まい使って、つるをおりました。まだおり紙は2842まいのこっています。おり紙ははじめに何まいありましたか。 1つ13〔26点〕

【式】

答え（　　　　　　　　）

答えは
66ページ

2 わり算
あまりのないわり算の問題 ①

／100点

1 あめが 24 こあります。4 人で同じ数ずつ分けると、1 人分は何こになりますか。

1つ12〔24点〕

【式】

答え（　　　　　　　　　　　）

2 おはじきが 42 こあります。6 人で同じ数ずつ分けると、1 人分は何こになりますか。

1つ12〔24点〕

【式】

答え（　　　　　　　　　　　）

3 みきさんの組は 28 人です。同じ人数ずつ 7 つのグループに分けると、1 つのグループの人数は何人になりますか。

1つ13〔26点〕

【式】

答え（　　　　　　　　　　　）

4 25 まいの絵をかべにはろうと思います。1 列に 5 まいずつはると、何列になりますか。

1つ13〔26点〕

【式】

答え（　　　　　　　　　　　）

2 わり算
あまりのないわり算の問題　①

／100点

1 48cm のテープを 6 人で同じ長さずつに分けると、1 人
分は何cm になりますか。　　　　　　　　　　1つ12〔24点〕

【式】

答え（　　　　　　　　　　　　）

2 56 人の子どもを 8 人ずつのグループに分けると、何グ
ループできますか。　　　　　　　　　　　　1つ12〔24点〕

【式】

答え（　　　　　　　　　　　　）

3 なつみさんとさとしさんとゆきなさんで、27 こあるあ
めを同じ数ずつ分けると、1 人分は何こになりますか。

【式】　　　　　　　　　　　　　　　　　　　1つ14〔28点〕

答え（　　　　　　　　　　　　）

4 きのうドリルを 16 ページとき、今日
は 4 ページときました。きのうは今日の
何倍ときましたか。　　1つ12点〔24点〕

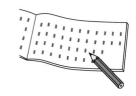

【式】

答え（　　　　　　　　　　　　）

答えは
67ページ

2 わり算
あまりのないわり算の問題 ②

/100点

1 81人が9人ずつのはんに分かれると、何はんできますか。

1つ12〔24点〕

【式】

答え（　　　　　　　　）

2 45cmのテープを同じ長さのテープ5本に分けると、1本の長さは何cmになりますか。

1つ12〔24点〕

【式】

答え（　　　　　　　　）

3 49Lのとう油を7Lずつかんに入れます。かんは何こいりますか。 1つ13〔26点〕

【式】

答え（　　　　　　　　）

4 64人の子どもを、同じ人数ずつ8つのチームに分けます。1つのチームの人数は何人になりますか。 1つ13〔26点〕

【式】

答え（　　　　　　　　）

月　日

10分

2　わり算
あまりのないわり算の問題　②

／100点

1 63本のえん筆を、7人で同じ数ずつ分けると、1人分は何本になりますか。

1つ12〔24点〕

【式】

答え（　　　　　　　　　）

2 72cm のテープを、9人で同じ長さずつに分けると、1人分は何cm になりますか。

1つ12〔24点〕

【式】

答え（　　　　　　　　　）

3 35日後にお父さんが外国から帰ってきます。それは何週間後ですか。

1つ13点〔26点〕

【式】

答え（　　　　　　　　　）

4 はるこさんは 24 こ、妹は 8 このおはじきを持っています。はるこさんは妹の何倍持っていますか。

1つ13〔26点〕

【式】

答え（　　　　　　　　　）

答えは
67ページ

2 わり算
あまりのあるわり算の問題 ①

/100点

1 切手が 42 まいあります。5 まいずつ分けると、何人に分けられて、何まいあまりますか。　1つ12〔24点〕

【式】

答え（　　　　　　　　　　　　）

2 おり紙が 39 まいあります。1 人に 9 まいずつ配ると何人に配れて、何まいあまりますか。　1つ12〔24点〕

【式】

答え（　　　　　　　　　　　　）

3 60 人が 7 人ずつ長いすにすわります。全員がすわるには、長いすは何こいりますか。　1つ13〔26点〕

【式】

答え（　　　　　　　　　　　　）

4 あきとさんは 75 円を持って、1 つ 8 円のあめを買いに行きました。何こまで買うことができますか。　1つ13〔26点〕

【式】

答え（　　　　　　　　　　　　）

月 日　10分

2 わり算
あまりのあるわり算の問題 ①

／100点

1 44 このいちごがあります。7 こずつ分けると、何人に分けられて、何こあまりますか。

1つ12〔24点〕

【式】

答え（　　　　　　　　　　　　）

2 52 本の花があります。9 本ずつのたばにすると、たばは何たばできて、花は何本あまりますか。

1つ12〔24点〕

【式】

答え（　　　　　　　　　　　　）

3 47 このクッキーを、5 こずつふくろに入れていきます。全部のクッキーを入れるには、ふくろは何まいいりますか。

1つ13〔26点〕

【式】

答え（　　　　　　　　　　　　）

4 32 まいのおり紙を、6 人に同じ数ずつ分けます。1 人分のまい数がいちばん多くなるのは何まいのときですか。

1つ13〔26点〕

【式】

答え（　　　　　　　　　　　　）

答えは
67ページ

2 わり算
あまりのあるわり算の問題 ②

／100点

1 ボールが 50 こあります。6 こずつ分けると、何人に分けられて、何こあまりますか。　　　　　1つ12〔24点〕

【式】

答え（　　　　　　　　　　）

2 かきが 23 こあります。5 こずつ配ると、何人に分けられて、何こあまりますか。　　　　　1つ12〔24点〕

【式】

答え（　　　　　　　　　　）

3 36dL の水を 8dL ずつペットボトルに分けます。全部の水を入れるには、ペットボトルは何本いりますか。

【式】　　　　　　　　　　　　　　　　1つ13〔26点〕

答え（　　　　　　　　　　）

4 62 本のえん筆を、7 まいのふくろに同じ数ずつ入れます。1 ふくろにできるだけ多くのえん筆を入れるとき、1 ふくろのえん筆は何本になりますか。　　　1つ13〔26点〕

【式】

答え（　　　　　　　　　　）

答えは
67ページ

2 わり算
あまりのあるわり算の問題 ②

／100点

1 45 このみかんを、8 人で同じ数ずつ分けます。1 人に何こまで分けられますか。　　　　　1つ12〔24点〕

【式】

答え（　　　　　　　　　）

2 35 cm のテープがあります。このテープを 4 cm ずつ切り分けると、何本できて、何 cm あまりますか。　1つ12〔24点〕

【式】

答え（　　　　　　　　　）

3 58 このケーキを 6 こずつ箱に入れます。全部のケーキを箱に入れるには、箱は何箱いりますか。　　　　　1つ13〔26点〕

【式】

答え（　　　　　　　　　）

4 ノートが 85 さつあります。9 さつずつふくろにつめていくと、9 さつ入りのふくろは何ふくろできますか。

【式】　　　　　　　　　　　1つ13〔26点〕

答え（　　　　　　　　　）

答えは
67ページ

2 わり算
0や１のわり算の問題
答えが九九にないわり算の問題

1 あめが０こあります。４人で同じ数ずつ分けると、１人分は何こになりますか。
1つ12〔24点〕

【式】

答え（　　　　　　　　　　）

2 ８本のえん筆があります。このえん筆を１本ずつ配ると、何人に配れますか。
1つ12〔24点〕

【式】

答え（　　　　　　　　　　）

3 63cmのリボンを３人で同じ長さずつ分けます。１人分は何cmになりますか。
1つ13〔26点〕

【式】

答え（　　　　　　　　　　）

4 おはじきが84こあります。４人で同じ数ずつ分けると、１人分は何こになりますか。
1つ13〔26点〕

【式】

答え（　　　　　　　　　　）

2 わり算
0や1のわり算の問題
答えが九九にないわり算の問題

／100点

1 2まいのクッキーを、2人で分けます。
1人分は何まいですか。　　　1つ12〔24点〕

【式】

答え（　　　　　　　　　）

2 画用紙が1まいもないとき、7人で同じ数ずつ分けると、
1人分は何まいになりますか。　　　1つ12〔24点〕

【式】

答え（　　　　　　　　　）

3 5本のえん筆を1つのふくろに入れます。ふくろには
何本のえん筆が入りますか。　　　1つ12〔24点〕

【式】

答え（　　　　　　　　　）

4 36cmのテープを3人で同じ長さずつ分けます。1人
分の長さは何cmですか。　　　1つ14〔28点〕

【式】

答え（　　　　　　　　　）

答えは
68ページ

3 かけ算
0 のかけ算の問題
何十、何百のかけ算の問題

／100点

1 2人でまと当てゲームをしました。そのけっかは、右の表のようになりました。 1つ12〔48点〕

	ひとみ	けんじ
赤(5点)	0回	2回
黒(2点)	3回	0回
白(0点)	4回	3回

❶ ひとみさんのとく点の合計は何点ですか。

【式】

答え（ 　　　　　　　 ）

❷ けんじさんのとく点の合計は何点ですか。

【式】

答え（ 　　　　　　　 ）

2 1こ30円のあめを3こ買うと、代金は何円ですか。

【式】 1つ13〔26点〕

答え（ 　　　　　　　 ）

3 1組100まい入りのカードを4組買うと、全部で何まいありますか。 1つ13〔26点〕

【式】

答え（ 　　　　　　　 ）

3　かけ算
0 のかけ算の問題
何十、何百のかけ算の問題

／100点

1 5 つの箱の中にカードを入れます。どの箱の中にもまだカードは入っていません。箱の中に入っているカードは何まいありますか。　　1つ12〔24点〕

【式】

答え（　　　　　　　　　　）

2 としこさんは、点取りゲームをしたら、0 点のところに 3 回入りました。とく点は何点ですか。　　1つ12〔24点〕

【式】

答え（　　　　　　　　　　）

3 学校の 5 つの花だんにそれぞれ 20 本ずつなえを植えます。なえは全部で何本ありますか。　　1つ13〔26点〕

【式】

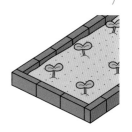

答え（　　　　　　　　　　）

4 1 さつ 300 円の本を 3 さつ買いました。代金は何円ですか。　　1つ13〔26点〕

【式】

答え（　　　　　　　　　　）

答えは
68ページ

月　日　

3　かけ算
（2けた）×（1けた）の問題

／100点

1 ちひろさんは1本30円のえん筆を8本買いました。代金は何円ですか。

1つ12〔24点〕

【式】

答え（　　　　　　　　）

2 1まい12円の画用紙を4まい買うと、代金は何円ですか。

1つ12〔24点〕

【式】

答え（　　　　　　　　）

3 箱の中にボールが、1列に15こずつ、6列にならんで入っています。ボールは全部で何こありますか。

1つ13〔26点〕

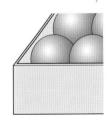

【式】

答え（　　　　　　　　）

4 トマトが32こずつ入っている箱が7箱あります。トマトは全部で何こありますか。

1つ13〔26点〕

【式】

答え（　　　　　　　　）

答えは
68ページ

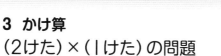
3　かけ算
（2けた）×（1けた）の問題

／100点

1 1こ 45 円の消しゴムを 8 こ買いました。
代金は何円ですか。　　　　　　　　　1つ12〔24点〕

【式】

答え（　　　　　　　　　　　）

2 小さいふくろには 25 まいの画用紙が入っています。大きいふくろにはその 6 倍の画用紙が入っています。大きいふくろに入っている画用紙は全部で何まいですか。

【式】　　　　　　　　　　　　　　　　　　1つ12〔24点〕

答え（　　　　　　　　　　　）

3 リボンを 34 cm ずつ、7 人に配ります。リボンは全部で何cm いりますか。　　　　　　　　1つ13〔26点〕

【式】

答え（　　　　　　　　　　　）

4 1本 52 円の色えん筆を 5 本買いました。代金は何円ですか。　　　　　　　　　　　　　　1つ13〔26点〕

【式】

答え（　　　　　　　　　　　）

答えは
68ページ

月 日

3 かけ算
（3けた）×（1けた）の問題

 /100点

1 1m140円のリボンを4m買います。代金は何円ですか。

1つ12〔24点〕

【式】

答え（ 　　　　　　　　 ）

2 1つ270円のコップを6こ買うと、代金は何円ですか。

1つ12〔24点〕

【式】

答え（ 　　　　　　　　 ）

3 しおりさんの家から学校まで、おうふくで328mあります。5日間おうふくすると、何m歩くことになりますか。

1つ13〔26点〕

【式】

答え（ 　　　　　　　　 ）

4 本が125さつずつ入った大きな箱が7つと、65さつずつ入った小さな箱が4つあります。本は全部で何さつありますか。

1つ13〔26点〕

【式】

答え（ 　　　　　　　　 ）

答えは
68ページ

3　かけ算
（3けた）×（Iけた）の問題

／100点

1▶ けんとさんの家に水が 750 mL 入ったペットボトルが 8 本あります。水は全部で何 L ありますか。　　1つ14〔28点〕

【式】

答え（　　　　　　　　　）

2▶ ハンカチは I まい 375 円で、タオルのねだんはその 5 倍です。タオルのねだんは何円ですか。　　1つ12〔24点〕

【式】

答え（　　　　　　　　　）

3▶ みかさんは 865 円の本を 2 さつ買いました。代金は何円ですか。　　1つ12〔24点〕

【式】

答え（　　　　　　　　　）

4▶ I しゅう 645 m のコースを 4 しゅう走りました。全部で何 m 走りましたか。　　1つ12〔24点〕

【式】

答え（　　　　　　　　　）

答えは
68ページ

3　かけ算
（4けた）×（1けた）の問題

／100点

1 1ふくろ 2840 円のおかしを 3 ふくろ買いました。代金は何円ですか。　　　　　　　　　　　　　1つ12〔24点〕

【式】

答え（　　　　　　　　　　）

2 たねが 1 ふくろに 1555 こ入っているふくろが 5 つあります。たねは全部で何こありますか。　　1つ12〔24点〕

【式】

答え（　　　　　　　　　　）

3 2385 mL 入る入れ物が 4 つあります。中を水でいっぱいにすると、全部で何 mL の水が入りますか。　1つ13〔26点〕

【式】

答え（　　　　　　　　　　）

4 1 まい 3500 円の服を 2 まい買うと、代金は何円ですか。　　　　　　1つ13〔26点〕

【式】

答え（　　　　　　　　　　）

答えは
68ページ

3　かけ算
（4けた）×（1けた）の問題

／100点

1 遊園地の子ども1人の入場りょうは3250円です。大人の入場りょうは子どもの3倍です。大人1人の入場りょうは何円ですか。

1つ12〔24点〕

【式】

答え（　　　　　　　　）

2 1箱にわゴムが1325本入っている箱が5箱あります。わゴムは全部で何本ありますか。

1つ12〔24点〕

【式】

答え（　　　　　　　　）

3 水が4550mL入っている水そうが2つあります。水は全部で何mL入っていますか。

1つ13〔26点〕

【式】

答え（　　　　　　　　）

4 1箱2450円の品物を4箱買いました。代金は何円ですか。

1つ13〔26点〕

【式】

答え（　　　　　　　　）

答えは
68ページ

3　かけ算
（2けた）×（2けた）の問題

／100点

1 50円のガムを60こ買いました。代金は何円ですか。
【式】　　　　　　　　　　　　　　　　　　1つ12〔24点〕

答え（　　　　　　　　　　）

2 子どものバス代は1人80円です。子ども30人では全部で何円になりますか。
　　　　　　　　　　　　　　　　　　　　1つ12〔24点〕
【式】

答え（　　　　　　　　　　）

3 1こ75円ののりを12こ買うと、代金は何円ですか。
【式】　　　　　　　　　　　　　　　　　　1つ13〔26点〕

答え（　　　　　　　　　　）

4 ジュースが24本入っている箱が29箱あります。ジュースは全部で何本ありますか。　　　　　　　1つ13〔26点〕
【式】

答え（　　　　　　　　　　）

3　かけ算
(2けた)×(2けた)の問題

／100点

1 1本 88円のボールペンを 16本買いました。代金は何円ですか。

1つ12〔24点〕

【式】

答え（　　　　　　　　　　）

2 25mL の水が入っているびんが 34本あります。水は全部で何mL ありますか。

1つ12〔24点〕

【式】

答え（　　　　　　　　　　）

3 テープを同じ長さに切ると、63cm のテープが 42本できました。はじめにテープは何cm ありましたか。

1つ13〔26点〕

【式】

答え（　　　　　　　　　　）

4 1こ 57円のおかしを 29こ買うと、代金は何円ですか。

1つ13〔26点〕

【式】

答え（　　　　　　　　　　）

答えは
69ページ

3 かけ算
（3けた）×（2けた）の問題

1 １こ 320 円のケーキを 12 こ買います。代金は何円ですか。

1つ12〔24点〕

【式】

答え（　　　　　　　　　）

2 514 円の本を 17 さつ買いました。代金は何円ですか。

1つ12〔24点〕

【式】

答え（　　　　　　　　　）

3 195 mL 入りのジュースのパックが 32 こあります。ジュースは全部で何 mL ありますか。

1つ13〔26点〕

【式】

答え（　　　　　　　　　）

4 １日に 725 m ずつ走る人は、25 日間では、何 m 走ることになりますか。

1つ13〔26点〕

【式】

答え（　　　　　　　　　）

月　日

10分

3　かけ算
（3けた）×（2けた）の問題

／100点

1 テープを同じ長さに切ったら、185cm の長さのテープが 12本 できました。切る前のテープの長さは何m何cm ありましたか。

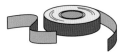

1つ14〔28点〕

【式】

答え（　　　　　　　　）

2 1さつ 924円 のスケッチブックを 76 さつ買うと、代金は何円ですか。

1つ12〔24点〕

【式】

答え（　　　　　　　　）

3 遠足のバス代は 1人 420円 です。68人分では何円になりますか。

1つ12〔24点〕

【式】

答え（　　　　　　　　）

4 北町で、1人が 1日に使う水のかさは 289L です。1人が 60日間に使う水のかさは何L ですか。

1つ12〔24点〕

【式】

答え（　　　　　　　　）

答えは
69ページ

月　　日

4 いろいろな計算を使った問題
いろいろな計算を使った問題 ①

／100点

1▶ 1本35円のえん筆7本と、1こ50円の消しゴム5こ
を買いました。代金はあわせて何円ですか。　1つ12〔24点〕

【式】

答え（　　　　　　　　　）

2▶ 1まい426円の皿を4まい買い、1000円さつ2ま
いではらいました。おつりは何円ですか。　1つ12〔24点〕

【式】

答え（　　　　　　　　　）

3▶ 8まい48円のシールと、7まい35円のシールがあり
ます。1まいのねだんのちがいは何円ですか。　1つ13〔26点〕

【式】

答え（　　　　　　　　　）

4▶ 5人でくり拾いに行って、くりを90こ
拾いました。全部で120こにするには、
1人があと何こずつ拾えばよいですか。

【式】　　　　　　　　　1つ13〔26点〕

答え（　　　　　　　　　）

4 いろいろな計算を使った問題
いろいろな計算を使った問題 ①

1 1こ324円のかんづめを3こと、1こ176円のオレンジを4こ買いました。代金はあわせて何円ですか。

【式】　　　　　　　　　　　　　　　　　　1つ12〔24点〕

答え（　　　　　　　　　　　）

2 ゆうじさんは1しゅう85mの池のまわりを11しゅう、なおとさんは1しゅう330mの公園のまわりを3しゅう走りました。どちらが何m多く走りましたか。

【式】　　　　　　　　　　　　　　　　　　1つ13〔26点〕

答え（　　　　　　　　　　　）

3 4こ入りのあめの箱が6箱あります。全部のあめを8人で同じ数ずつ分けると、1人分は何こになりますか。

【式】　　　　　　　　　　　　　　　　　　1つ12〔24点〕

答え（　　　　　　　　　　　）

4 いすが1列に7こずつ、8列ならんでいます。子どもが71人いるので、たりないいすを3人で同じ数ずつならべると、1人が何こならべればよいですか。　　1つ13〔26点〕

【式】

答え（　　　　　　　　　　　）

答えは
69ページ

4 いろいろな計算を使った問題
いろいろな計算を使った問題 ②

10分

／100点

1 1さつ85円のノート5さつと、1本90円のペン3本を買いました。代金はあわせて何円ですか。　　1つ12〔24点〕

【式】

答え（　　　　　　　　）

2 1まい1150円の服を3まい買い、5000円さつではらいました。おつりは何円ですか。　　1つ12〔24点〕

【式】

答え（　　　　　　　　）

3 36このケーキを箱に入れるのに、4こずつ入れるのと、6こずつ入れるのでは、使う箱の数は何箱ちがいますか。

【式】　　　　　　　　　　　　　　　　1つ13〔26点〕

答え（　　　　　　　　）

4 116こあるボールを4こずつふくろにつめます。今までに、8ふくろつめました。あと何ふくろひつようですか。

【式】　　　　　　　　　　　　　　　　1つ13〔26点〕

答え（　　　　　　　　）

答えは
70ページ

月　　日

かくにん 20

4 いろいろな計算を使った問題
いろいろな計算を使った問題 ②

／100点

1 １こ260円のグレープフルーツを４こと、１こ175円のりんごを５こ買いました。代金はあわせて何円ですか。

1つ12〔24点〕

【式】

答え（　　　　　　　　　　）

2 56cmの赤いひもが10本、１m20cmの青いひもが４本あります。どちらの色のひもが何cm多いですか。

【式】

1つ12〔24点〕

答え（　　　　　　　　　　）

3 ４ダースのえん筆を７人でできるだけ多くなるように同じ数ずつ分けます。１人分は何本になりますか。

【式】

1つ13〔26点〕

答え（　　　　　　　　　　）

4 おりづるを150こ作ります。今までに、87こ作りました。のこりを７人で同じ数ずつ作るとすると、１人があと何こ作ればよいですか。

1つ13〔26点〕

【式】

答え（　　　　　　　　　　）

答えは 70ページ

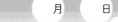

5 □を使った式の問題

1 おばさんから、おこづかいをもらいました。200円の
おかしを買ったら、のこりは250円になりました。1つ15〔60点〕

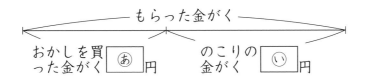

もらった金がく

おかしを買 あ 円
った金がく

のこりの い 円
金がく

① 上の図のあ、いにあてはまる数を書きましょう。

あ（　　　　　）　い（　　　　　）

② もらった金がくを□円として、ひき算の式に表しましょう。

（　　　　　）

③ ②の□にあてはまる数をもとめましょう。

（　　　　　）

2 ある数に6をかけたら、54になりました。ある数を□
として、かけ算の式に表し、□にあてはまる数をもとめま
しょう。　　　　　　　　　　　　　　　　　　1つ20〔40点〕

式（　　　　　）　答え（　　　　　）

答えは
70ページ

5　□を使った式の問題

／100点

1 本をきのう **18** ページ読みました。今日何ページか読んだので、読んだページ数は全部で **42** ページになりました。今日読んだページ数を□ページとして、たし算の式に表し、□にあてはまる数をもとめましょう。

1つ15〔30点〕

式（　　　　　　　　　）　答え（　　　　　　　　　）

2 いちごが何こかあります。**3** 人で同じ数ずつ分けたら、**1** 人分がちょうど **9** こになりました。はじめにあったいちごの数を□ことして、わり算の式に表し、□にあてはまる数をもとめましょう。

1つ15〔30点〕

式（　　　　　　　　　）　答え（　　　　　　　　　）

3 **55** このビー玉を何人かに同じ数ずつ分けたら、ちょうど **5** 人に分けられました。**1** 人に分けた数を□ことして、かけ算の式に表し、□にあてはまる数をもとめましょう。

1つ20〔40点〕

式（　　　　　　　　　）　答え（　　　　　　　　　）

答えは
70ページ

月　日

10分

6 小数と分数
小数の問題

／100点

1▶ ゆかさんは、リボンをきのう 0.7m、今日 0.8m 使いました。2 日間で何 m のリボンを使いましたか。　1つ12〔24点〕

【式】

答え（　　　　　　　　　　）

2▶ 水がポットに 1.4L、水とうに 0.8L 入っています。かさのちがいは何 L ですか。　1つ12〔24点〕

【式】

答え（　　　　　　　　　　）

3▶ たけしさんは 2.8m、ゆうやさんは 1.5m のはり金を使いました。2 人あわせて何 m のはり金を使いましたか。

【式】　1つ13〔26点〕

答え（　　　　　　　　　　）

4▶ 油が大きいびんに 1.8L、小さいびんに 1.2L 入っています。かさのちがいは何 L ですか。　1つ13〔26点〕

【式】

答え（　　　　　　　　　　）

答えは
70ページ

6 小数と分数
小数の問題

／100点

1 なつみさんは、牛にゅうを朝0.1L、夕方0.2L飲みました。あわせて何L飲みましたか。　　　1つ12〔24点〕

【式】

答え（　　　　　　　　　）

2 やかんが2つあります。水が1.2L と2.3L 入っています。かさのちがいは何L ですか。　　　1つ12〔24点〕

【式】

答え（　　　　　　　　　）

3 たかしさんは、はじめに1.2km 歩き、少し休んでからまた0.8km 歩きました。全部で何km 歩きましたか。

【式】　　　　　　　　　　　　　　　1つ13〔26点〕

答え（　　　　　　　　　）

4 リボンが2m あります。はるなさんが0.6m 使うと、のこりは何m になりますか。　　　1つ13〔26点〕

【式】

答え（　　　　　　　　　）

答えは
70ページ

きほん 23

6 小数と分数
分数の問題

／100点

1 りかさんもくみさんも $\frac{1}{3}$ m ずつリボンを使いました。2人あわせて何m使いましたか。　　1つ12〔24点〕

【式】

答え（　　　　　　　）

2 青いテープは $\frac{2}{7}$ m で、赤いテープは青いテープより $\frac{3}{7}$ m 長いそうです。赤いテープは何mですか。　　1つ13〔26点〕

【式】

答え（　　　　　　　）

3 油が大きい入れ物に $\frac{3}{5}$ L、小さい入れ物に $\frac{1}{5}$ L 入っています。かさのちがいは何Lですか。　　1つ12〔24点〕

【式】

答え（　　　　　　　）

4 みさきさんはリボンを $\frac{3}{4}$ m 持っています。妹に $\frac{1}{4}$ m あげました。みさきさんのリボンは何mのこっていますか。　　1つ13〔26点〕

【式】

答え（　　　　　　　）

答えは
70ページ

6 小数と分数
分数の問題

10分

／100点

1 水が大きいびんに $\frac{5}{8}$ L、小さいびんに $\frac{2}{8}$ L 入っています。

あわせて何L ありますか。　　　　　　　　　1つ12〔24点〕

【式】

答え（　　　　　　　　　　）

2 つよしさんは、牛にゅうをきのう $\frac{3}{5}$ L、今日 $\frac{2}{5}$ L 飲みま

した。あわせて何L 飲みましたか。　　　　　　1つ13〔26点〕

【式】

答え（　　　　　　　　　　）

3 $\frac{7}{10}$ m のひものうち、$\frac{3}{10}$ m を使いました。ひもは何m

のこっていますか。　　　　　　　　　　　　1つ12〔24点〕

【式】

答え（　　　　　　　　　　）

4 長さ1m のテープがあります。そのうち $\frac{3}{9}$ m を切り取り

ました。テープは何m のこっていますか。　　　1つ13〔26点〕

【式】

答え（　　　　　　　　　　）

答えは
70ページ

7 たんい
時こくの問題

/100点

1 午前 8 時 50 分に家を出て、ちょうど 20 分後に駅に着きました。駅に着いた時こくは午前何時何分ですか。　〔25点〕

（　　　　　　　）

2 30 分のテストをしたら、終わったのがちょうど午後 5 時 20 分でした。テストを始めた時こくは午後何時何分ですか。　〔25点〕

（　　　　　　　）

3 あやかさんは、朝起きてから顔をあらい終わるまでに 15 分かかります。午前 6 時 10 分に起きると、顔をあらい終わる時こくは午前何時何分ですか。　〔25点〕

（　　　　　　　）

4 ももこさんは、午後 9 時 30 分にねます。おふろに入ってからねるまでに 50 分かかります。午後何時何分までにおふろに入ればよいですか。　〔25点〕

（　　　　　　　）

7 たんい
時こくの問題

／100点

1 まもるさんは、午後 2 時 40 分に家に帰ってきました。その 50 分前に、お姉さんは家に帰ってきていました。お姉さんが帰ってきた時こくは午後何時何分ですか。　〔25点〕

（　　　　　　　　）

2 かおりさんは、おつかいに行きました。午後 3 時 50 分に家を出て、1 時間 30 分後に家に帰ってきました。かおりさんが家に帰ってきた時こくは午後何時何分ですか。　〔25点〕

（　　　　　　　　）

3 午後 2 時 5 分から 1 時間 15 分たった時こくは、午後何時何分ですか。　〔25点〕

（　　　　　　　　）

4 なおやさんは本を買いに、午後 2 時 55 分に家を出て、帰ってきたのは 1 時間 10 分後でした。なおやさんが家に帰ってきた時こくは午後何時何分ですか。　〔25点〕

（　　　　　　　　）

答えは
71ページ

7 たんい
時間の問題

／100点

1 はるなさんは、国語を 20 分、算数を 35 分勉強しました。あわせて何分勉強しましたか。 〔25点〕

（　　　　　　　）

2 学校へ行くのに、まことさんは 12 分かかり、みのりさんは 20 分かかります。かかる時間は何分ちがいますか。 〔25点〕

（　　　　　　　）

3 50m 走るのに、みなよさんは 9 秒かかり、ちなつさんは 11 秒かかります。どちらが何秒速いですか。 〔25点〕

（　　　　　　　）

4 走ってグランドを 1 しゅうしたら 32 秒かかりました。同じ時間でもう 1 しゅうすると、2 しゅうで何分何秒かかりますか。 〔25点〕

（　　　　　　　）

答えは
71ページ

かくにん 25

7 たんい
時間の問題

／100点

1▶ とおるさんは、夕食前に 40 分、夕食後に 50 分本を読みました。あわせて何時間何分読みましたか。〔20点〕

2▶ ひろしさんたち 3 人はマラソンをしました。ひろしさんがゴールに着いてから 7 分たってたけしさんが着きました。さらに 4 分たってあきさんが着きました。あきさんはゴールに着くまでに 36 分かかりました。ひろしさんとたけしさんは、それぞれ何分かかりましたか。1つ15〔30点〕

ひろし(　　　　　　)　　　たけし(　　　　　　)

3▶ りかさんは 350m 走るのに 1 分 24 秒かかりました。1 分 24 秒は何秒ですか。〔25点〕

4▶ みさきさんは、お姉さんとボートこぎのきょうそうをしました。向こう岸までみさきさんは 1 分 32 秒かかり、お姉さんは 56 秒かかりました。みさきさんはお姉さんより何秒おそかったですか。〔25点〕

答えは71ページ

7 たんい
きょりと道のりの問題

1 右の図を見て答えましょう。

1つ25〔100点〕

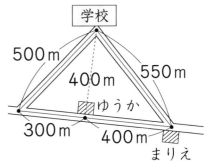

❶ ゆうかさんの家から学校までのきょりは何mですか。

（　　　　　　　　　　）

❷ ゆうかさんがまりえさんの家の前を通って学校に行くときの道のりは何mですか。

（　　　　　　　　　　）

❸ まりえさんがゆうかさんの家の前を通って学校に行くときの道のりは何km何mですか。

（　　　　　　　　　　）

❹ ゆうかさんの家から学校までのきょりと、ゆうかさんの家から学校までの近いほうの道のりのちがいは、何mですか。

（　　　　　　　　　　）

答えは71ページ

7 たんい
きょりと道のりの問題

1 右の図を見て答えましょう。

1つ20〔100点〕

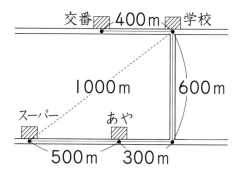

交番 400m 学校
1000m
600m
スーパー
あや
500m 300m

❶ あやさんの家から学校までの道のりは何mですか。

( )

❷ あやさんの家から交番までの道のりは何km何mですか。

( )

❸ スーパーから学校までの道のりは何km何mですか。

( )

❹ スーパーから交番までの道のりは何km何mですか。

( )

❺ あやさんの家から学校までの道のりと、あやさんの家からスーパーまでの道のりのちがいは、何mですか。

( )

答えは
71ページ

7 たんい
重さの問題

/100点

1 重さ240gの入れ物に、500gの米を入れました。全体の重さは何gになりますか。

1つ12〔24点〕

【式】

答え（　　　　　　　　）

2 1さつ850gのじてんが2さつあります。重さは全部で何kg何gですか。

1つ13〔26点〕

【式】

答え（　　　　　　　　）

3 1こ65gのたまごが3こあります。重さは全部で何gですか。

1つ12〔24点〕

【式】

答え（　　　　　　　　）

4 1kgのすいかと840gのメロンの重さのちがいは何gですか。

1つ13〔26点〕

【式】

答え（　　　　　　　　）

7 たんい
重さの問題

／100点

1 ひとしさんの体重は 26kg300g です。1kg200g の荷物を持ってはかったら、何kg何g になりますか。

【式】　　　　　　　　　　　　　　　　1つ13〔26点〕

答え（　　　　　　　　　　　　）

2 110g のざるに、みかんを入れて全体の重さをはかったら、975g でした。みかんの重さは何g ですか。

【式】　　　　　　　　　　　　　　　　1つ13〔26点〕

答え（　　　　　　　　　　　　）

3 次の問題に答えましょう。　　　　　　1つ12〔48点〕

❶　270g のざるに、くりを入れて全体の重さをはかったら、1kg270g でした。くりの重さは何g ですか。

【式】

答え（　　　　　　　　　　　　）

❷　❶のくりを 350g 食べたあとに、のこりのくりを❶と同じざるに入れて全体の重さをはかると、何g になりますか。

【式】

答え（　　　　　　　　　　　　）

答えは71ページ

8 問題の考え方
問題の考え方 ①

／100点

1 長さが 12cm と 7cm のテープがあります。　1つ12〔48点〕

❶　下の図のように、つなぎめを 1cm にしてはりあわせると、全体の長さは何 cm になりますか。

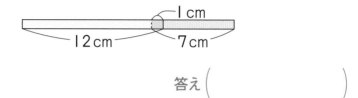

【式】

答え（　　　　　　　　）

❷　つなぎめを 3cm にしてはりあわせると、全体の長さは何 cm になりますか。

【式】

答え（　　　　　　　　）

2 長さが 15cm と 8cm のテープがあります。　1つ13〔52点〕

❶　下の図のように、つなぎめを 2cm にしてはりあわせると、全体の長さは何 cm になりますか。

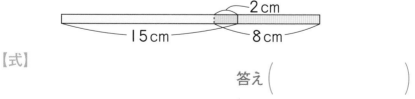

【式】

答え（　　　　　　　　）

❷　つなぎめを 4cm にしてはりあわせると、全体の長さは何 cm になりますか。

【式】

答え（　　　　　　　　）

答えは
71ページ

10分

8　問題の考え方
問題の考え方　①

／100点

1 同じ長さの 2 本のテープを、つなぎめを 2cm にしてはりあわせると、全体の長さは 38cm になりました。

2cm
38cm

1つ12〔48点〕

❶　はりあわせる前のテープ 1 本の長さは何cm ですか。

【式】

答え（　　　　　　　　　）

❷　❶でもとめたテープを、つなぎめを 3cm にしてはりあわせると、全体の長さは何cm になりますか。

【式】

答え（　　　　　　　　　）

2 同じ長さの 2 本のテープを、つなぎめを 4cm にしてはりあわせると、全体の長さは 46cm になりました。

4cm
46cm

1つ13〔52点〕

❶　はりあわせる前のテープ 1 本の長さは何cm ですか。

【式】

答え（　　　　　　　　　）

❷　❶でもとめたテープを、つなぎめを 5cm にしてはりあわせると、全体の長さは何cm になりますか。

【式】

答え（　　　　　　　　　）

答えは
72ページ

 月 日

10分

8 問題の考え方
問題の考え方 ②

／100点

1 1mおきに 10人の子どもが 1列にならびました。両はしの子どもは何mはなれていますか。　1つ12〔24点〕

【式】

答え（　　　　　　　　　）

2 はたが 3mおきに、15本 1列にならんでいます。1本目から 15本目までの間は何mですか。　1つ12〔24点〕

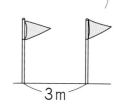

3m

【式】

答え（　　　　　　　　　）

3 電柱が 8mおきに、20本 1列にならんでいます。1本目から 20本目までの間は何mですか。　1つ13〔26点〕

【式】

答え（　　　　　　　　　）

4 まるい形をした池のまわりに、2mおきにくいをうちます。くいはちょうど 8本使いました。この池のまわりの長さは何mですか。　1つ13〔26点〕

【式】

答え（　　　　　　　　　）

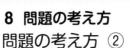
8 問題の考え方
問題の考え方 ②

／100点

1 1mおきに子どもが1列にならびました。両はしの子どもは20mはなれています。子どもは何人いますか。

【式】

1つ12〔24点〕

答え（ 　　　　　 ）

2 木が3mごとに1列に植えられています。両はしの木は33mはなれています。木は何本ありますか。 1つ12〔24点〕

【式】

答え（ 　　　　　 ）

3 電柱が8mごとに1列に立っています。両はしの電柱は72mはなれています。電柱は何本ありますか。

【式】

1つ13〔26点〕

答え（ 　　　　　 ）

4 まわりの長さが24mあるまるい形をした池のまわりに、2mおきにくいをうちます。くいは何本いりますか。

【式】

1つ13〔26点〕

答え（ 　　　　　 ）

答えは
72ページ

力だめし ①

／100点

1 買い物に行きました。家を出たのが午後3時40分、家に帰ったのが午後4時30分でした。買い物に行っていた時間は何分ですか。

〔16点〕

（　　　　　　　　　）

2 あきなさんの町の3年生の人数は396人で、4年生の人数は378人です。あわせて何人ですか。　1つ14〔28点〕

【式】

答え（　　　　　　　　　）

3 1ふくろのねだんが158円のあめがあります。このあめを6ふくろ買いました。代金は何円ですか。　1つ14〔28点〕

【式】

答え（　　　　　　　　　）

4 6本で66円のえん筆を、36本買いました。代金は何円ですか。　1つ14〔28点〕

【式】

答え（　　　　　　　　　）

力だめし ②

／100点

1 24cm のテープを同じ長さずつ 3 本に分けました。1本の長さは何 cm ですか。　　　1つ12〔24点〕

【式】

答え（　　　　　　　　　）

2 50 このりんごを、6 こずつかごに入れます。6 こ入りのかごは何こできますか。　　　1つ12〔24点〕

【式】

答え（　　　　　　　　　）

3 37 この荷物を、1 箱に 5 こ入る箱に入れていきます。全部入れるには箱は何箱いりますか。　　　1つ13〔26点〕

【式】

答え（　　　　　　　　　）

4 電車に 571 人乗っていました。駅に着いて、196 人おりて、128 人乗ってきました。電車に乗っている人は何人になりましたか。　　　1つ13〔26点〕

【式】

答え（　　　　　　　　　）

答えは72ページ

1 85人の子どもが、12この長いす に6人ずつすわっていくと、すわれ ないのは何人ですか。 1つ12〔24点〕

【式】

答え（　　　　　　　）

2 1000円持って買い物に行き、520円と440円の本 を1さつずつ買いました。お金ののこりは何円ですか。

【式】 1つ12〔24点〕

答え（　　　　　　　）

3 重さ250gのバターを8こ買いました。バターの重さ は全部で何kgになりますか。 1つ13〔26点〕

【式】

答え（　　　　　　　）

4 りえさんの家では、牛にゅうを、きのう0.6L飲み、今 日0.4L飲みました。あわせて何Lの牛にゅうを飲みまし たか。 1つ13〔26点〕

【式】

答え（　　　　　　　）

力だめし ④

／100点

1 右の図を見て答えましょう。

1つ20〔40点〕

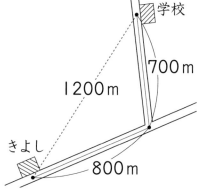

学校

700m

1200m

800m

きよし

❶　きよしさんの家から学校までの道のりは何km何mですか。

（　　　　　　　　　　　　）

❷　きよしさんの家から学校までの、道のりときょりのちがいは何mですか。

（　　　　　　　　　　　　）

2 1分間に50m歩く人がいます。12分間では何m歩きますか。

1つ15〔30点〕

【式】

答え（　　　　　　　　　　　）

3 1gが8円の肉を1kg200g買いました。代金は何円ですか。

1つ15〔30点〕

【式】

答え（　　　　　　　　　　　）

答えは
72ページ

答え

1　3・4ページ

1 ❶ 243＋236＝479

答え 479 人

❷ 122＋134＝256

答え 256 人

2 580＋375＝955

答え 955 円

3 543＋357＝900

答え 900 人

★　★　★

1 432＋365＝797

答え 797 さつ

2 370＋420＝790

答え 790 円

3 314＋186＝500

答え 500 こ

4 285＋247＝532

答え 532 まい

2　5・6ページ

1 120＋65＝185　答え 185 円

2 253＋60＝313　答え 313 人

3 ❶ 860 円　　❷ 450 円

❸ 825 円　　❹ 415 円

★　★　★

1 143＋57＝200

答え 200 ます

2 503＋65＝568　答え 568 人

3 134＋98＝232　答え 232 回

4 246＋78＝324　答え 324 こ

3　7・8ページ

1 ❶ 256－146＝110

答え 110 ページ

❷ 146－110＝36

答え 今日までに読んだペー
ジ数が 36 ページ多い。

❸ 256－138＝118

答え 118 ページ

2 328－319＝9

答え 2 年生が 9 人多い。

★　★　★

1 463－320＝143

答え 143 まい

2 365－228＝137

答え 137 ページ

3 500－370＝130

答え 130 円

4 415－362＝53　答え 53 人

4　9・10ページ

1 295－212＝83　答え 83 円

2 326－38＝288　答え 288 本

3 ▸ $480-95=385$　答え 385 円

4 ▸ $260-57=203$

　　　　　答え 203 まい

★　★　★

1 ▸ $386-83=303$　答え 303 人

2 ▸ $720-43=677$　答え 677 こ

3 ▸ $624-75=549$　答え 549 人

4 ▸ $240-48=192$　答え 192 こ

5　　　　　　11・12ページ

1 ▸ ❶ $640+825=1465$

　　　　　答え 1465 箱 (はこ)

　❷ $825-475=350$

　　　　　答え 350 箱

2 ▸ $745+680=1425$

　　　　　答え 1425 円

3 ▸ $853-586=267$

　　　　　答え 267 人

★　★　★

1 ▸ $478+434=912$

　　　　　答え 912 人

2 ▸ $720-365=355$

　　　　　答え 355 円

3 ▸ $850+960=1810$

　　　　　答え 1810 円

4 ▸ $946-148=798$

　　　　　答え 798 まい

6　　　　　　13・14ページ

1 ▸ ❶ $403-298=105$

　　　　　答え 105 こ

　❷ $403-385=18$

　　 $385-350=35$

$350-298=52$

　　　　　答え 18 こ

2 ▸ $574+137=711$

　　　　　答え 711 まい

3 ▸ $440-295=145$

　　　　　答え 145 円

★　★　★

1 ▸ $643-365=278$

　　　　　答え 278 まい

2 ▸ $342+258=600$

　　　　　答え 600 せき

3 ▸ $267+338=605$

　　　　　答え 605 こ

4 ▸ $500-405=95$　答え 95 こ

7　　　　　　15・16ページ

1 ▸ $1250+2615=3865$

　　　　　答え 3865 円

2 ▸ $2865+611=3476$

　　　　　答え 3476 点

3 ▸ ❶ $4769-2874=1895$

　　　　　答え 1895 人

　❷ $4527-2936=1591$

　　 $1895+1591=3486$

　　または、

　　 $2874+2936=5810$

　　 $4769+4527=9296$

　　 $9296-5810=3486$

　　　　　答え 3486 人

★　★　★

1 ▸ ❶ $2578+2735=5313$

　　　　　答え 5313 人

❷ 4279−2735＝1544

答え 1544 人

2 5000−2835＝2165

答え 2165 円

3 1658＋2842＝4500

答え 4500 まい

8

17・18ページ

1 24÷4＝6　　　　答え 6 こ

2 42÷6＝7　　　　答え 7 こ

3 28÷7＝4　　　　答え 4 人

4 25÷5＝5　　　　答え 5 列

★ ★ ★

1 48÷6＝8　　　　答え 8 cm

2 56÷8＝7　　答え 7 グループ

3 27÷3＝9　　　　答え 9 こ

4 16÷4＝4　　　　答え 4 倍

9

19・20ページ

1 81÷9＝9　　　　答え 9 はん

2 45÷5＝9　　　　答え 9 cm

3 49÷7＝7　　　　答え 7 こ

4 64÷8＝8　　　　答え 8 人

★ ★ ★

1 63÷7＝9　　　　答え 9 本

2 72÷9＝8　　　　答え 8 cm

3 35÷7＝5　　答え 5 週間後

4 24÷8＝3　　　　答え 3 倍

10

21・22ページ

1 42÷5＝8 あまり 2

答え 8 人に分けられて、
2 まいあまる。

2 39÷9＝4 あまり 3

答え 4 人に配れて、3 まいあまる。

3 60÷7＝8 あまり 4

8＋1＝9　　　　答え 9 こ

4 75÷8＝9 あまり 3　　答え 9 こ

★ ★ ★

1 44÷7＝6 あまり 2

答え 6 人に分けられて、2 こあまる。

2 52÷9＝5 あまり 7

答え 5 たばできて、7 本あまる。

3 47÷5＝9 あまり 2

9＋1＝10　　　　答え 10 まい

4 32÷6＝5 あまり 2

答え 5 まい

11

23・24ページ

1 50÷6＝8 あまり 2

答え 8 人に分けられて、
2 こあまる。

2 23÷5＝4 あまり 3

答え 4 人に分けられて、
3 こあまる。

3 36÷8＝4 あまり 4

4＋1＝5　　　　答え 5 本

4 62÷7＝8 あまり 6　　答え 8 本

★ ★ ★

1 45÷8＝5 あまり 5　　答え 5 こ

2 35÷4＝8 あまり 3

答え 8 本できて、3 cm あまる。

3 58÷6＝9 あまり 4

9＋1＝10　　　　答え 10 箱

4 85÷9＝9 あまり 4

答え 9 ふくろ

12

25・26ページ

1. $0 \div 4 = 0$　　　　答え 0 こ
2. $8 \div 1 = 8$　　　　答え 8 人
3. $63 \div 3 = 21$　　　答え 21 cm
4. $84 \div 4 = 21$　　　答え 21 こ

★　★　★

1. $2 \div 2 = 1$　　　　答え 1 まい
2. $0 \div 7 = 0$　　　　答え 0 まい
3. $5 \div 1 = 5$　　　　答え 5 本
4. $36 \div 3 = 12$　　　答え 12 cm

13

27・28ページ

1. ❶ $5 \times 0 = 0$　$2 \times 3 = 6$
　　$0 \times 4 = 0$　$0 + 6 + 0 = 6$
　　　　　　　　　答え 6 点
　❷ $5 \times 2 = 10$　$2 \times 0 = 0$
　　$0 \times 3 = 0$
　　$10 + 0 + 0 = 10$　答え 10 点
2. $30 \times 3 = 90$　　　答え 90 円
3. $100 \times 4 = 400$　答え 400 まい

★　★　★

1. $0 \times 5 = 0$　　　　答え 0 まい
2. $0 \times 3 = 0$　　　　答え 0 点
3. $20 \times 5 = 100$　答え 100 本
4. $300 \times 3 = 900$　答え 900 円

14

29・30ページ

1. $30 \times 8 = 240$　　答え 240 円
2. $12 \times 4 = 48$　　　答え 48 円
3. $15 \times 6 = 90$　　　答え 90 こ
4. $32 \times 7 = 224$　　答え 224 こ

★　★　★

1. $45 \times 8 = 360$　　答え 360 円
2. $25 \times 6 = 150$　　答え 150 まい
3. $34 \times 7 = 238$　　答え 238 cm
4. $52 \times 5 = 260$　　答え 260 円

15

31・32ページ

1. $140 \times 4 = 560$　答え 560 円
2. $270 \times 6 = 1620$　答え 1620 円
3. $328 \times 5 = 1640$　答え 1640 m
4. $125 \times 7 = 875$
　　$65 \times 4 = 260$
　　$875 + 260 = 1135$
　　　　　　　　答え 1135 さつ

★　★　★

1. $750 \times 8 = 6000$　答え 6 L
2. $375 \times 5 = 1875$　答え 1875 円
3. $865 \times 2 = 1730$　答え 1730 円
4. $645 \times 4 = 2580$　答え 2580 m

16

33・34ページ

1. $2840 \times 3 = 8520$
　　　　　　　　答え 8520 円
2. $1555 \times 5 = 7775$
　　　　　　　　答え 7775 こ
3. $2385 \times 4 = 9540$
　　　　　　　　答え 9540 mL
4. $3500 \times 2 = 7000$
　　　　　　　　答え 7000 円

★　★　★

1. $3250 \times 3 = 9750$
　　　　　　　　答え 9750 円
2. $1325 \times 5 = 6625$
　　　　　　　　答え 6625 本

3 $4550×2=9100$
答え 9100 mL

4 $2450×4=9800$
答え 9800 円

17

35・36ページ

1 $50×60=3000$ 答え 3000 円
2 $80×30=2400$ 答え 2400 円
3 $75×12=900$ 答え 900 円
4 $24×29=696$ 答え 696 本

★ ★ ★

1 $88×16=1408$ 答え 1408 円
2 $25×34=850$ 答え 850 mL
3 $63×42=2646$
答え 2646 cm
4 $57×29=1653$ 答え 1653 円

18

37・38ページ

1 $320×12=3840$
答え 3840 円
2 $514×17=8738$
答え 8738 円
3 $195×32=6240$
答え 6240 mL
4 $725×25=18125$
答え 18125 m

★ ★ ★

1 $185×12=2220$
答え 22 m 20 cm
2 $924×76=70224$
答え 70224 円
3 $420×68=28560$
答え 28560 円

4 $289×60=17340$
答え 17340 L

19

39・40ページ

1 $35×7=245$
$50×5=250$
$245+250=495$
答え 495 円

2 $426×4=1704$
$1000×2=2000$
$2000-1704=296$
答え 296 円

3 $48÷8=6$
$35÷7=5$
$6-5=1$ 答え 1 円

4 $120-90=30$
$30÷5=6$ 答え 6 こ

★ ★ ★

1 $324×3=972$
$176×4=704$
$972+704=1676$
答え 1676 円

2 $85×11=935$
$330×3=990$
$990-935=55$
答え なおとさんが
55 m 多く走った。

3 $4×6=24$ $24÷8=3$
答え 3 こ

4 $7×8=56$
$71-56=15$
$15÷3=5$ 答え 5 こ

㉔ 41・42ページ

1　85×5=425
　　90×3=270
　　425+270=695
　　　　　　答え 695 円

2　1150×3=3450
　　5000−3450=1550
　　　　　　答え 1550 円

3　36÷4=9　36÷6=6
　　9−6=3　　答え 3 箱

4　4×8=32　116−32=84
　　84÷4=21　答え 21 ふくろ

★　★　★

1　260×4=1040
　　175×5=875
　　1040+875=1915
　　　　　　答え 1915 円

2　56×10=560
　　120×4=480
　　560−480=80
　　　答え 赤いひもが80cm 多い。

3　12×4=48
　　48÷7=6 あまり 6　答え 6 本

4　150−87=63
　　63÷7=9　　答え 9 こ

㉑ 43・44ページ

1　❶ ㋐ 200　㋑ 250
　　❷ □−200=250
　　❸ 450

2　式 □×6=54　　答え 9

★　★　★

1　式 18+□=42　　答え 24

2　式 □÷3=9　　答え 27

3　式 □×5=55　　答え 11

㉒ 45・46ページ

1　0.7+0.8=1.5　答え 1.5 m

2　1.4−0.8=0.6　答え 0.6 L

3　2.8+1.5=4.3　答え 4.3 m

4　1.8−1.2=0.6　答え 0.6 L

★　★　★

1　0.1+0.2=0.3　答え 0.3 L

2　2.3−1.2=1.1　答え 1.1 L

3　1.2+0.8=2　答え 2 km

4　2−0.6=1.4　答え 1.4 m

㉓ 47・48ページ

1　$\frac{1}{3}+\frac{1}{3}=\frac{2}{3}$　答え $\frac{2}{3}$ m

2　$\frac{2}{7}+\frac{3}{7}=\frac{5}{7}$　答え $\frac{5}{7}$ m

3　$\frac{3}{5}-\frac{1}{5}=\frac{2}{5}$　答え $\frac{2}{5}$ L

4　$\frac{3}{4}-\frac{1}{4}=\frac{2}{4}$　答え $\frac{2}{4}$ m

★　★　★

1　$\frac{5}{8}+\frac{2}{8}=\frac{7}{8}$　答え $\frac{7}{8}$ L

2　$\frac{3}{5}+\frac{2}{5}=\frac{5}{5}=1$　答え 1 L

3　$\frac{7}{10}-\frac{3}{10}=\frac{4}{10}$　答え $\frac{4}{10}$ m

4　$1-\frac{3}{9}=\frac{6}{9}$　答え $\frac{6}{9}$ m

24 49・50ページ

1 ▶ 午前 9 時 10 分
2 ▶ 午後 4 時 50 分
3 ▶ 午前 6 時 25 分
4 ▶ 午後 8 時 40 分

★ ★ ★

1 ▶ 午後 1 時 50 分
2 ▶ 午後 5 時 20 分
3 ▶ 午後 3 時 20 分
4 ▶ 午後 4 時 5 分

25 51・52ページ

1 ▶ 55 分（間）
2 ▶ 8 分（間）
3 ▶ みなよさんが 2 秒速い。
4 ▶ 1 分 4 秒

★ ★ ★

1 ▶ 1 時間 30 分
2 ▶ ひろし…25 分　　たけし…32 分
3 ▶ 84 秒
4 ▶ 36 秒

26 53・54ページ

1 ▶ ❶ 400 m
　　 ❷ 950 m
　　 ❸ 1 km 200 m
　　 ❹ 400 m

★ ★ ★

1 ▶ ❶ 900 m
　　 ❷ 1 km 300 m
　　 ❸ 1 km 400 m
　　 ❹ 1 km 800 m

❺ 400 m

27 55・56ページ

1 ▶ 240＋500＝740　答え 740 g
2 ▶ 850×2＝1700
　　　　　　　　答え 1 kg 700 g
3 ▶ 65×3＝195　答え 195 g
4 ▶ 1000－840＝160
　　　　　　　　答え 160 g

★ ★ ★

1 ▶ 26 kg 300 g＋1 kg 200 g
　　 ＝27 kg 500 g
　　　　　　　答え 27 kg 500 g
2 ▶ 975－110＝865　答え 865 g
3 ▶ ❶ 1 kg 270 g－270 g＝1 kg
　　 または、
　　 1270－270＝1000
　　　　　　　　答え 1000 g
　　 ❷ 1000－350＝650
　　 650＋270＝920
　　 または、
　　 1270－350＝920
　　　　　　　　答え 920 g

28 57・58ページ

1 ▶ ❶ 12＋7－1＝18
　　 または、
　　 12－1＝11
　　 11＋7＝18　答え 18 cm
　　 ❷ 12＋7－3＝16　答え 16 cm
2 ▶ ❶ 15＋8－2＝21　答え 21 cm
　　 ❷ 15＋8－4＝19　答え 19 cm

★ ★ ★

1 ❶ $38+2=40$
$40÷2=20$ 　答え $20\,cm$
❷ $20+20-3=37$
　答え $37\,cm$

2 ❶ $46+4=50$
$50÷2=25$ 　答え $25\,cm$
❷ $25+25-5=45$
　答え $45\,cm$

29　59・60ページ

1 $10-1=9$　$1×9=9$
　答え $9\,m$

2 $15-1=14$　$3×14=42$
　答え $42\,m$

3 $20-1=19$　$8×19=152$
　答え $152\,m$

4 $2×8=16$　答え $16\,m$

★　★　★

1 $20÷1=20$　$20+1=21$
　答え 21 人

2 $33÷3=11$　$11+1=12$
　答え 12 本

3 $72÷8=9$　$9+1=10$
　答え 10 本

4 $24÷2=12$　答え 12 本

30　61ページ

1 50 分(間)

2 $396+378=774$　答え 774 人

3 $158×6=948$　答え 948 円

4 $66÷6=11$
$11×36=396$
または、

$36÷6=6$
$66×6=396$　答え 396 円

31　62ページ

1 $24÷3=8$　答え $8\,cm$

2 $50÷6=8$ あまり 2　答え 8 こ

3 $37÷5=7$ あまり 2
$7+1=8$　答え 8 箱

4 $571-196=375$
$375+128=503$

　答え 503 人

32　63ページ

1 $6×12=72$　$85-72=13$
　答え 13 人

2 $520+440=960$
$1000-960=40$
または、
$1000-520=480$
$480-440=40$　答え 40 円

3 $250×8=2000$　答え $2\,kg$

4 $0.6+0.4=1$　答え $1\,L$

33　64ページ

1 ❶ $1\,km\,500\,m$
❷ $300\,m$

2 $50×12=600$　答え $600\,m$

3 $8×1200=9600$

　答え 9600 円